AF314230

ÉCONOMIE AGRICOLE.

THÉORIE

DES BASES ET DES SELS

DANS LA COMPOSITION

DES PLANTES CULTIVÉES,

PAR

F.-S. DE SUSSEX.

THÉORIE

DES BASES ET DES SELS

DANS LA COMPOSITION

DES PLANTES CULTIVÉES,

PAR

F.-S. DE SUSSEX (1).

---

§ I.

Si l'exclusion, en général, est l'acte d'un esprit médiocre et dangereux, elle tombe plus particulièrement sous le coup de cette condamnation lorsqu'elle est appliquée aux êtres et à l'organisme. La vie, ses phénomènes, ses conditions, ne sauraient être analysées comme le mécanisme d'un chronomètre, dont le jeu calculé d'avance se rattache à des parties disposées volontairement et sur des desseins donnés. Les êtres organisés sont, au contraire, indépen-

(1) Voir la note à la fin de la brochure.

dants de nos desseins. Si nous étudions physiologiquement et chimiquement, ce que nous pouvons comparer chez eux aux rouages de nos machines, cette science doit-elle avoir pour effet de nous aveugler, au point de nous faire concevoir la vaine espérance de simplifier soit les parties, soit même la composition élémentaire des êtres doués de la vie, quel que soit le degré auquel elle se manifeste en eux?

Cette fausse application des connaissances humaines est pourtant devenue fréquente dans la chimie appliquée à l'agriculture et dans la physiologie végétale. Tandis que l'analyse enseignait que les plantes sont composées de molécules diverses organisées ; des auteurs ont prétendu pouvoir distinguer parmi ces molécules constituantes celles qui sont indispensables et celles qui, suivant eux, sont étrangères à la composition normale des végétaux.

Depuis des siècles, l'agriculture imprévoyante avait mis en pratique ces théories contraires à la physiologie et à la physique du globe. Appelée à établir, par le moyen des engrais, une statique exacte de la substance essentielle aux végétaux qui font l'objet de la culture, la science a prétendu, et cette prétention a été quelque temps générale, qu'il suffisait de balancer, par des matières azotées apportées au sol, l'azote que lui enlèvent les céréales, et que les phosphates, les bases et les sels étaient des matières nuisibles ou indifférentes.

Cependant l'expérience étant venue contrarier ces systèmes et les anéantir, les avantages des phosphates leur ont assigné une place parmi les molécules essentielles aux végétaux, conséquemment parmi les engrais.

Quant aux sels et aux bases, leur rôle, dans la végétation, est resté inconnu ; leur utilité même est contestée, et les exploitations agricoles ne nous offrent point d'exemple d'application régulière de ces substances.

Nous devons donc nous demander, si les bases et les sels sont des constituants de la matière organisée, si leur emploi dans l'agriculture est ou n'est pas nécessaire.

§ II.

Les réflexions préalables exposées dans ce mémoire fixent le Congrès sur la solution que l'analyse, l'expérience peuvent apporter de concert dans cet important problème. En principe, la théorie des corps occasionnels, en face de la présence régulière et constante de ces mêmes corps, demeure d'une improbabilité absolue.

Allons plus loin et tâchons de donner au rôle des bases et des sels, en agriculture, la rigueur de la démonstration.

Ce sujet ne doit être traité que de la manière la plus sommaire; les faits seuls ont droit d'occuper nos instants, et dans ces conditions, la tâche que nous nous imposons devient d'autant plus difficile. Nous aurions à traiter, parmi les bases, de la soude, de la potasse, de la magnésie, de la chaux; parmi les sels, ces mêmes substances combinées au chlore, aux acides azotique, sulfurique, silicique, carbonique, demanderaient de notre part une nouvelle attention et une étude particulière. Il est, dès lors, évident que ce sujet ne peut recevoir ici tous les développements qu'il comporte, et que nous devons nous borner à le résumer.

Ainsi la question des bases et des sels ne sera traitée que par rapport à la potasse, la soude et leurs combinaisons avec les acides.

En écartant ainsi les autres bases, nous n'avons pas à redouter de réduire la question au point de la rendre moins importante, bien qu'elle devienne moins complète. En effet, les terres dont nous nous abstiendrons de parler sont appliquées dans la culture générale; tandis que les corps dont il va être question, sont d'une application rare, leur utilité est plus ou moins contestée, leur rôle dans l'organisme n'est point établi, quelques physiologistes considèrent que l'une de ces bases peut remplacer l'autre; d'autres pensent que l'une d'elles est complétement étrangère aux plantes; enfin l'expérience apporte de nouveaux éléments de désaccord par les résultats contradictoires de l'application agricole des sels de soude et de potasse.

Nous faisons donc abstraction des accessoires, pour rentrer dans la question principale, prise au point contesté et considérée par opposition aux usages de la culture empirique; ce qui revient à dire que de la sorte nous nous occupons seulement des bases et des sels dont il importe le plus de déterminer le rôle dans la végétation.

§ III.

La soude et la potasse, libres ou chimiquement combinées, sont-elles nécessaires au développement, à la composition des végétaux et concourent-elles à l'accomplissement des phénomènes ou des phases diverses de la vie des plantes, depuis le développement du germe jusqu'à la grenaison?

Cette question est à la fois chimique, si on ne considère la soude et la potasse que comme des molécules constituantes; et physiologique, dès lors qu'on suppose que ces bases peuvent concourir, par des réactions particulières, à l'acte même de la vie.

Ne voyons d'abord que la composition chimique des végétaux.

La matière organique, dont les êtres sont le phénomène, la manifestation, est essentiellement libre, plus légère que la partie solide du globe; elle est fluide dans son état naturel, elle constitue l'atmosphère; et lorsque sous l'action de la vie cette matière s'organise, prend des formes et devient sensible, elle tend incessamment à vaincre la puissance qui l'avait fixée dans l'organisme; quand cette puissance disparaît, à la mort, cette matière perd les formes qu'elle avait affectées, elle redevient libre, fluide et aériforme.

Ce phénomène s'opère naturellement par la fermentation; il a lieu également par la combustion.

Que devient la masse du chêne dans un foyer ? Elle disparaît instantanément, et se réunit avec chaleur et lumière au centre commun de la matière organique.

Ainsi les races zoologiques, les plantes qui peuplent notre planète se balancent incessamment, par le seul fait d'un changement d'état, tantôt libres et éthérées, tantôt solides et revêtues d'une forme éphémère.

Cependant, lorsque les corps de l'organisme se désassocient, lorsque la forme que leur combinaison affectait, se réduit en poids, en volume à nos yeux, loin d'en venir à une réduction absolue, ils laissent une trace, quelques atomes d'une autre sorte, atomes toujours visibles et qu'on appelle cendres.

Ce fait est général et sans exception. Conséquemment la solidification de l'atmosphère dans l'organisme a pour condition essentielle une combinaison de la matière permanente et solide avec la matière aériforme : telle est la première loi de la statique universelle.

Si donc l'existence, sous quelque forme qu'elle se présente, est un résultat de la combinaison de la matière à deux états, les cendres, c'est-à-dire les matières qui persistent dans leur état de solidité, sont organisables, et nous ne saurions imaginer un être privé de ces molécules, puisque tous accusent la présence de ces molécules par leurs restes définitifs.

Si ces cendres sont essentielles aux animaux et aux plantes, il est très probable que toutes les parties de ces cendres sont également essentielles ; que l'une de ces parties diverses ne saurait être soustraite sans entraîner la suspension du développement des êtres, et alors lorsqu'il s'agit de placer des germes, des semences, dans la condition propre à leur croissance, il est indispensable de réunir tous les corps qui deviennent chez eux les parties intégrantes qui leur sont particulières. Cette obligation naturellement déduite de la nature même de l'organisme est irrésistible en fait, tandis que les théories contraires ne sont que des abstractions contre nature.

Or, les cendres des êtres organisés contiennent, sans exemple d'exception, de la potasse, de la soude ou des sels de ces mêmes bases, dans des proportions considérables. En somme, ces bases et ces sels s'élèvent, dans les cendres suivantes, d'après mes analyses, à :

> Blé . .   de 31.5 à 34 p. 100
> Orge. .   de 24   à 26.7
> Avoine.   de 15   à 20
> Seigle.   25

Dans les légumineuses (haricots) les proportions de soude et de potasse s'élèvent jusqu'à 45 p. 100 des cendres, et de nombreuses analyses accusent l'uniformité de leur présence dans les cendres de toutes les familles et de tous les êtres.

La soude, la potasse et leurs sels sont donc en fait des parties constituantes des êtres organisés, et nous devons les considérer ainsi chimiquement.

Si des lois aussi constantes que celles qui sont particulières à la composition des êtres organisés, ne suffisent pas à notre curiosité ; si du fait aux lois, l'espace franchi paraît trop borné pour notre intelligence, toujours emportée vers la région du pourquoi ; si définitivement nous voulons savoir quel rôle les molécules de composition peuvent jouer dans l'organisme doué de la vie, les sels nous offrent alors l'occasion de faire une hypothèse physiologique basée sur des propriétés chimiques et sur l'analogie probable de l'action des sels sur les plantes et sur les animaux.

Les globules du sang sont solubles dans l'albumine chimiquement pure. Cependant ces globules restent intactes dans la circulation ; fait contradictoire, à moins que leur solubilité dans l'albumine ne soit contractée par un moyen quelconque, mais certain. Or, si vous prenez du sang, si vous le soumettez à la filtration, ces globules microscopique passent à travers le papier avec l'albumine et l'hématorine. Imbibez un autre filtre d'une solution de sel de soude ou de potasse, les globules ne passent plus à travers ce filtre.

Dans la circulation les sels constamment associés au sang donnent lieu au même phénomène et rendent les globules insolubles dans l'alumine.

Les sels possèdent donc des propriétés essentielles à la circulation des fluides, du sang et de la sève.

Spécifiquement l'un de ces sels charrie constamment dans le sang et dans la sève ascendante et descendante un corps en présence duquel la protéine se convertit en albumine, ou caséine chez les végétaux; c'est le soufre, et ce sel est du sulfate de soude.

Enfin les radicaux organiques doivent trouver dans les fluides circulatoires des bases suffisantes pour se combiner avec elles; car aucune partie des êtres organisés vivants ne présente, pendant la durée de la vie, les caractères de l'acidité, et les acides dans la sève, qui presque toujours est alcaline, tendent de même à s'unir aux bases. Conséquemment les bases et les sels font partie des constituants des végétaux et agissent physiologiquement par rapport à l'accroissement de leur masse.

§ IV.

Le problème ainsi résolu, passons à une autre question. A quel état les bases et les sels sont-ils admis dans l'organisme? Une base peut-elle être arbitrairement substituée à une autre base?

La première partie de cette question est résolue par l'analyse; nous trouvons dans les cendres des plantes de la soude et de la potasse à l'état de base, puis des chlorures de potassium et de sodium, et enfin des sulfates et quelquefois des azotates.

Il est donc évident que la potasse et la soude entrent dans les végétaux à deux états : dans le premier, elles sont libres et susceptibles de se combiner aux matières organiques, qui jouent à leur égard le rôle d'acides; dans le second, elles existent en combinaison préalable avec les acides dits minéraux.

Quant aux substitutions possibles, des expériences trop étendues pour être citées ici, prouvent que la somme des bases et des sels, tout en restant la même, se compose, suivant les circonstances, d'une quantité moindre ou plus considérable, soit des bases, soit des sels, sans que l'exclusion des bases par les sels, ou réciproquement, soit jamais entière et absolue.

Enfin la soude peut-elle remplacer la potasse dans la composition des plantes? ou ces bases peuvent-elles se remplacer mutuellement?

Chimiquement, ces corps sont doués de propriétés qui leur sont communes; il est même difficile de les distinguer autrement que par la réaction propre à la potasse avec l'acide tartrique et le bichlorure de platine. Ces deux bases se substituent mutuellement dans les arts, ce qu'on ne croyait pas d'abord, et servent toutes deux dans la fabrication du verre et des savons.

Les choses se passent-elles ainsi pour les plantes? Pas du tout; en vain j'ai essayé de substituer dans les céréales, chez les légumineuses, la soude à la potasse. J'ai réussi, il est vrai, à faire prédominer l'une aux dépens de l'autre, mais jamais à exclure.

On comprend que je ne puis qu'énoncer des résultats dont les développements seraient d'un grand intérêt au point de vue de la physiologie; mais n'empruntant aux faits que leur langage, il est certain que toute substitution absolue d'un corps par un autre est et demeure contraire aux lois de la nature et à l'analyse des végétaux.

§ V.

Hâtons-nous d'arriver aux conclusions pratiques auxquelles ces considérations sommaires nous conduisent.

Les bases et les sels étant essentiels aux plantes, puisque nous les retrouvons toujours dans leurs cendres, il est, dès lors, constant que ces plantes croissent seulement là où se rencontrent tous les corps qui concourent à leur accroissement, corps dont les bases font partie.

Effectivement, les terres arables et fertiles contiennent toujours des bases, des silicates alcalins et des sels, et la présence de ces substances est un fait géologique parfaitement expliqué.

Mais la quantité des matières basiques alcalines est toujours minime dans le meilleur sol; de plus, c'est une quantité susceptible de diminution et effectivement réduite par la succession des récoltes.

Que fait l'agriculture, quels que soient ses assolements et ses rotations? Comme si sa mission consistait à compromettre toujours le lendemain, elle use, elle dépense, elle laisse échapper ces molécules rares dont la présence constitue la fertilité. Chaque année la dose des matières de composition végétale diminue très sensiblement dans le sol, conséquence toute naturelle du système suivi dans la culture, système qui consiste à prendre sans cesse, sous forme des récoltes, des matières qu'on ne restitue qu'en proportion moindre par les engrais, et le plus souvent pas du tout. Effectivement, on s'inquiète peu de la composition des fumures; et au moyen de matières qui sont à la disposition de l'agriculture, on arrive, sans doute, à augmenter la quantité d'humus dans la couche arable, mais en lui laissant subir une dépréciation continuelle par rapport aux matières alcalines et aux phosphates.

Que résulte-t-il de cette fausse statique ? Que les récoltes par mesure de terre ont sensiblement diminué depuis la chute de la civilisation romaine et depuis le moyen âge ; que les cultures du colza, du chanvre, des pommes de terre, doivent constamment être déplacées et ne persistent pas longtemps, du moins avantageusement, dans les mêmes contrées, ce qui tient à ce que ces récoltes enlèvent des quantités considérables de sels et de bases, que les fumures ne remplacent jamais ; c'est ce que les cultivateurs appellent *fatigue de la terre*.

Enfin, au point de vue de l'économie agricole, il résulte encore de l'habitude où l'on est d'exclure les sels et bases des restitutions annuelles faites au sol, que les dépenses en engrais azotés et en humus ne peuvent profiter aux récoltes que dans de faibles rapports et en raison directe des sels, bases, phosphates qui se trouvent encore dans la localité ; de la sorte, bien qu'on augmente chaque année la dose d'humus, par exemple, tandis qu'on épuise graduellement les sels, un rapport s'établit, par la récolte en terre, entre l'humus et les sels présents, et la dose en plus n'est utilisable qu'en raison de la dose en moins. De là tous les mécomptes de notre agriculture.

Arrêtons-nous bien avant d'avoir épuisé notre sujet, mais après l'avoir résumé à des faits tellement vrais et d'un ordre si naturel, que le Congrès doit maintenant trouver l'occasion de donner aux cultivateurs un avertissement qui peut devenir le point de départ de progrès immenses.

Le rôle des sels chimiquement et physiologiquement établi, quelle est sa conséquence inévitable ? De démontrer combien l'absence complète de leur emploi comme engrais est ruineuse au point de vue de l'agriculture, et illogique au point de vue de la physiologie végétale.

Restituer les sels au sol, c'est une loi de la nature. L'homme qui ne suit pas cette loi providentielle subit, dans sa fortune, les funestes conséquences de son oubli ou de son imprévoyance. Il y a plus encore ; il manque à ses obligations envers les générations qui suivent ; il use la surface du globe, tandis qu'il ne devrait s'en servir qu'à charge de la rendre à ses descendants plus féconde qu'il ne l'avait reçue.

§ VI.

Mais, Messieurs, vous êtes tous agriculteurs, par conséquent l'expérience pour vous est l'étoile et la boussole qui seules guident d'une manière assurée. Où sont, me direz-vous, les expériences probantes de l'action favorable des sels sur les récoltes?

L'expérience est une loi ; pour mériter cette définition, il est indispensable que l'expérience découle d'une théorie vraie, et qu'elle soit faite dans toutes les conditions essentielles à la détermination de ses résultats.

Si vous répandez des sels à profusion sur la terre fertilisée, dans la composition de laquelle les composants les plus utiles ne se rencontrent jamais en proportion exagérée, vous n'obtenez pas d'excédant de récoltes.

Si, dans le but de déterminer l'action des sels, vous essayez cette action par elle-même, ou en excluant les matières organiques, azote et phosphates, vous n'obtiendrez encore que des résultats négatifs, que des résultats contre nature et en tout semblables à ceux qui seraient atteints, si on s'imaginait d'alimenter les hommes avec de la gélatine pure, ou bien avec des matières plastiques comme de la chaux.

L'alimentation des végétaux nécessite la réunion de plusieurs matières alimentaires, et chacune est également essentielle ; ceci est raisonnable, et, de plus, tout à fait pratique.

Je pourrais vous exposer maintenant quels sont les résultats de mes expériences ; je pourrais vous dire comment je fais entrer tous les aliments des plantes dans les fumures annuelles et spéciales à chaque culture. Ces résultats sont positifs : j'obstiens beaucoup plus de colza, beaucoup plus de blé que par le moyen empirique des fumiers de ferme.

Mais mon but en ce moment est de réduire ces faits à une proposition, et de soumettre au Congrès un vœu dont l'action serait puissante, si j'en juge par mes expériences et par la rectitude de la théorie que je viens d'exposer.

Ce vœu consiste à inviter les sociétés savantes et d'agriculture à instituer des essais variés de l'action des bases et des sels sur les cultures spéciales, du lin, du colza, de la betterave, des pommes de terre, et sur les cultures ordinaires.

Ceci n'est que la première partie de ma proposition; mais comme ces sels ont été essayés précédemment dans des conditions tout à fait contraires à leurs véritables fins, c'est-à-dire isolément, je crois qu'il est essentiel d'ajouter à ce vœu : que les essais des sels sur ces diverses cultures soient faits en combinaison avec les matières complémentaires, c'est-à-dire à l'état de composts peu volumineux, et contenant, avec les sels de soude et de potasse, les matières azotées et les phosphates qui concourent pour leur part à l'augmentation de la masse des végétaux.

Deuxième Partie.

La première partie de ce mémoire a été consacrée à établir, comme vérité de fait : que les bases et les sels agissaient physiologiquement et par voie de composition dans le développement du règne végétal.

Cette vérité ne participe en rien de ce qu'on est convenu d'appeler théorie, c'est-à-dire spéculation. Lorsque les esprits philosophiques personnifient les facultés de l'âme et spéculent sur ces existences, ils prêtent à l'inconnu les caractères d'un être, et parviennent, au moyen de ces emprunts forcés, à quelques conclusions vraisemblables. Si vous accordez le principe, il faut admettre les conséquences; mais si le principe ne vous est pas prouvé, quelle certitude trouverez-vous dans les fins dernières de cette logique? Voilà ce que vous repoussez comme théorie.

Suivant une méthode adverse à toute spéculation, nous avons pris des êtres réels et d'un poids déterminé. Nous avons isolé leurs constituants; la théorie n'a été pour nous qu'une nomenclature physique et chimique. Comme s'il s'agissait de déterminer la composition théorique du savon (composé d'un alcali et d'acide oléique ou stéarique), nous avons résumé les nombreuses analyses qui constatent de la manière la plus uniforme que les végétaux sont des composés dans lesquels les bases et les sels sont plastiquement et chimiquement combinés avec les gaz atmosphériques. La partie théorique de ce mémoire était donc expérimentale, et par conséquent les conclusions qui découlent de ce qui précède ne sauraient être autres que des vérités de fait, c'est-à-dire que la théorie de la végétation, telle que nous l'avons établie, est la théorie même de la nature.

Cette théorie, qui nous a placé en contradiction avec deux systèmes qui trop longtemps ont égaré l'agriculture pratique, a été saisie par quelques savants qui aujourd'hui préfèrent notre enseignement, et aussi par un grand nombre de praticiens. On a reconnu que le système de l'azote, que celui des matières inorganiques, pris exclusivement, étaient, chacun en ce qui le concerne, des exclusions contre-nature, et l'agriculture commence à comprendre qu'elle est destinée à faire une synthèse des récoltes au moyen d'engrais exactement et complétement formulés.

Cependant ces vérités ne résultent pas d'une simple et unique concordance qui existerait entre elles et la composition chimique des végétaux.

En effet, pour ne parler ici que des bases et des sels, nous n'hésitons pas à avancer que leur importance est non seulement une vérité, mais de plus un fait de pratique et d'empirisme.

Ainsi nous dirons que sans les bases et les sels, la terre serait complétement infertile ;

Que la fertilité du sol suit, dans certaines limites quantitatives, les degrés en plus ou en moins selon lesquels ces bases et sels sont actuellement combinés aux autres composants de la couche arable ;

Qu'enfin, par voie d'addition des bases et des sels, la fertilité normale s'élève en raison de la dose de ces mémes matières ajoutées comme engrais, pourvu que ces doses n'excèdent pas celles qui s'accordent avec l'expérience et les propriétés physiques essentielles à l'état de fertilité du sol.

Ces lois cesseraient d'être dans toutes les circonstances où le sol serait privé de carbone ou d'humus.

L'action des bases et des sels est donc prouvée :

1º Par la composition chimique des végétaux ;

2º Par les conditions constantes de la fertilité du sol ;

3º Par les degrés de fertilité, établis sur l'échelle ascendante ou descendante des quantités de bases et sels présents dans la couche arable ;

4º Par des expériences directes, tendant à ajouter successivement au sol les bases et sels, et ayant pour résultat d'augmenter la somme de la production végétale.

A l'appui de ces propositions, nous rappellerons sommairement :

1º Les preuves analytiques développées dans la première partie de ce mémoire ;

2º Les nombreuses observations des agronomes qui concourent toutes à établir que la fertilité du sol a pour condition première, la réunion en proportions convenables de la silice, de l'argile, du calcaire, des sels et des matières organiques, tandis que l'une ou l'autre de ces substances étant absente ou se trouvant en proportions trop réduites, la fertilité du sol devient nulle ou du moins relative aux proportions actuelles des matières dont nous venons de parler ;

3° L'expérience raisonnée est surtout ici décisive.

En effet, il est incontestable que la marne apporte une amélioration sensible à toutes les cultures ;

Que les cendres, les charées augmentent considérablement le produit des prairies temporaires et permanentes ;

Que les os broyés, les noirs de raffinerie conviennent aux céréales, aux défrichements destinés au colza ;

Que les azotates de soude et de potasse, à la dose de 200 kil. augmentent de près d'un tiers les produits du sol ;

Que les plantes marines exercent la plus luxuriante influence sur les récoltes.

Il ne s'agit plus que de reconnaître quel est la composition de ces matières, pour attribuer leur action à la cause même qui peut la déterminer.

Or, en suivant l'ordre dans lequel ces matières viennent d'être énumérées, on doit reconnaître que la fertilité s'est élevée successivement en raison du carbonate de chaux, du phosphate de chaux et de magnésie, de la soude et de la potasse, de leurs carbonates et autres combinaisons.

On ne manquera pas d'objecter que l'action des corps en question est l'objet de vives dissidences, entre les expérimentalistes. Ce fait mérite d'être élucidé.

Sans doute, les sels, essayés isolément, n'ont que rarement répondu aux espérances du cultivateur. Quel est la cause de ce manque de succès, surtout de cette contradiction des résultats obtenus par des observateurs dignes de foi ?

Expérimenter quand l'expérience porte sur des êtres doués de la vie, est l'œuvre du raisonnement le plus profond, de la connaissance la plus parfaite des conditions de l'existence et des lois de la nature.

Sans prétendre faire ici la critique complète des expériences agricoles, mais en nous plaçant du point de vue de la composition des plantes et de l'objet des engrais, nous pouvons assigner à la plupart des essais une cause d'insuccès portant sur la méthode seule et rendant la plupart des résultats négatifs.

Ainsi veut-on déterminer l'action d'un sel sur la végétation? — On exclut le fumier et les autres engrais; on tentera sur un sol argileux et contenant déjà des bases alcalines, comme sur un sol sableux qui n'en présente que des traces; ou bien la matière d'essai sera mélangée à tel ou tel autre corps, mais rarement à tous les corps qui doivent constituer un engrais complet, ou ce qui revient au même, une plante, une récolte.

Cette fausse méthode se résume à tenter de produire avec un sel, des grains qui se composent de plusieurs sels différents et de matières organiques. L'expérience a donc pour objet de produire une plante anormale, et si cet être ne se produit pas, si sa production, due aux ressources qu'il trouve dans son milieu naturel de développement, n'est en rien supérieur au produit ordinaire de ce même milieu, on conclut que le sel a été sans action.

Evidemment il faudrait se demander pourquoi l'expérience ainsi instituée est et demeure infructueuse, tandis que dans d'autres localités, sur des terrains bien fumés, pour telle ou telle culture, la substance qui tout à l'heure semblait dénuée d'action sur les plantes, présente tout à coup tous les caractères de la plus remarquable influence.

Les phénomènes physiques ne doivent rien au hasard; des causes les déterminent, des circonstances les modifient, les activent ou les suspendent, mais encore est-il que ces circonstances même, loin d'être fatales et capricieuses, peuvent être traitées avec la rigueur du calcul.

Or, pour s'expliquer l'alternative des expériences agricoles, il suffit d'établir l'alternative des milieux dans lesquels elles ont été tentées, et d'autre part, la fausse statique qui a prévalu jusqu'à présent entre la matière agricole et la récolte, que cette matière devait produire.

Que les sels soient sans action sur un sol déjà pourvu de bases alcalines, sur les argiles micacées, est une consé-

quence toute naturelle. L'humus serait pareillement sans
action sur des défriches, tandis qu'il agirait puissam-
ment sur un sol siliceux manquant de matières organiques.
Là où les sels existent naturellement, leur application peut
être insensible sur les produits, et ce n'est que là où ils
manquent qu'il y a lieu d'en faire usage. C'est ici de l'é-
conomie et de la raison élémentaires.

D'après ces considérations, il est à peine nécessaire de
faire remarquer que l'addition des sels sur un sol sura-
bondamment pourvu de soude et de potasse, serait en
même temps un contre-sens et une opération sans résultats (1). Qui songerait à tenter l'action de la chaux sur un
terrain crétacé? Cependant on apporte chaque année les
mêmes substances sur le même champ, ce qui n'est pas
moins déraisonnable.

Passons maintenant à l'explication de ce que nous avons
appelé fausse statique de la matière agricole. L'objet que
nous avons en vue en abordant ce sujet consiste surtout à
rendre sensibles les causes d'insuccès des expériences en
agriculture.

Ces causes se rattachent à une loi si nouvelle pour les
agriculteurs, tellement contraires aux systèmes connus, que
nous devons entrer dans quelques détails dont l'importance est essentielle, quant à nos conclusions, et du plus haut
intérêt pour le fabricant de blé, de colza, de produits agricoles en général.

L'analyse chimique et l'expérience enseignent que pour
produire du blé, des betteraves, des navets, des pommes de
terre, il faut certaines quantités de sels, d'acide phospho-
rique, de chaux, de soufre, et bien entendu de matières
organiques azotées.

La quantité de ces matières est constante dans une même
plante, et différente pour chacune d'elles.

Afin de simplifier les calculs, ou plutôt afin de résumer

---

(1) Il est très rare de rencontrer un sol qui contienne les sels en excès.

en un chiffre l'analyse et les données de l'expérience, j'ai réduit en équivalents la quantité de matières propres aux diverses cultures, et voici un tableau de ces équivalents, pris pour exemple :

Pour obtenir 38 hect. de blé avec la paille correspondante,
> 72,000 kilog. de betteraves;
> 65,000 kilog. de navets;
> 48,000 kilog. de topinambours;
> 24,000 kilog. de pommes de terre,

il faut, en représentant les corps inorganiques qui entrent dans ces produits par la quantité constituant le blé prise comme unité :

	Blé,	Better.,	Navets,	Topin.,	P. de terre.
Potasse et soude,	1	21	6	6	4
Acide phosphorique,	1	4	1 1|3	2	1
Chaux,	1	5	4	1	1
Soufre,	1	7	18	3	8

D'après ces chiffres, la production d'une récolte dépend de la réunion de ces matières dans les proportions des équivalents de composition.

Or, si nous nous plaçons dans la condition de produire d'abord du blé, puis ensuite des betteraves, et que, en effet, nous nous conformions aux usages adoptés lorsqu'il s'agit d'employer ou d'expérimenter les engrais, voici à quoi nous conduit cette hypothèse :

Pour le blé, par exemple, les sels vont être soumis, à l'essai, à des doses quelconques. Mais l'analyse a démontré que le blé se composait des corps A, B, C, D ; l'engrais ne contenant que la substance A, comment espérer alors d'obtenir le composé de A, B, C, D, avec A exclusivement?

Dans la betterave, nous avons A ⋈ 21, B ⋈ 4, C ⋈ 5, D ⋈ 7.

Supposant que, par exception, on ait réuni en un compost A, B, C, D, mais sans égard aux proportions déterminées par l'analyse, de telle sorte que l'un des corps réunis, et n'existant pas dans le sol, au lieu d'être comme 21 est à 4, 5 ou 7, soit comme 6 à 1, 5 ou 7 ; si, dans cet exemple l'essai tenté portait sur la substance A, dont la dose devait s'élever à 21, tandis qu'elle n'est que de 6, il est évident que, malgré l'excès de B, C, D, la production sera proportionnelle à A, qui se trouve en moins ; et cette production étant très faible, on conclura que A a été sans action ; conséquence évidemment fausse, puisque le résultat obtenu tient à l'insuffisance quantitative de l'engrais.

Ces faits expliquent ce que nous entendons par statique de la matière agricole : balancement entre l'engrais et la récolte, identité de composition de l'un ou de l'autre, proportions déterminées par l'analyse pour chaque récolte, quant aux matières inorganiques ; par l'analyse et l'expérience, quant aux matières organiques, dont partie est empruntée à l'atmosphère.

En dehors de cette statique, que conclure des expériences agricoles, de l'action positive ou négative du sel ou de toute autre substance ?

Ce qu'on peut conclure est uniquement relatif à la localité, au champ qui a été le théâtre de l'expérimentation.

Mais, dès lorsqu'on force les conséquences, dès lorsqu'on déduit un principe général, sitôt qu'on attribue à la matière, si fatalement employée, la responsabilité d'un résultat purement d'occasion, on tombe dans une erreur sans excuse et contraire aux données des sciences naturelles.

Ainsi s'explique l'alternative des résultats de l'emploi des sels en agriculture, et toutes les suppositions dont ils ont été l'inépuisable thèse.

Aussi ces contradictions, dont nous avons été frappé, nous ont conduit à une méthode d'expérimentation nouvelle.

Si nous insistons sur ce point, c'est que son importance pratique tend, à la fois, à une augmentation de produits et à une économie naturelle dans la production, motifs plus déterminants que ceux que peuvent inspirer les désirs de faire prédominer une manière de voir personnelle.

Ce n'est donc pas en ajoutant aux engrais un corps essentiel aux plantes ; ce n'est pas en doublant la dose d'emploi de ce même corps, qu'on rentre dans la triple condition d'une bonne culture : durée, production considérable et économique.

La production peut devenir plus considérable, par suite de l'addition d'un corps essentiel aux plantes, toutes fois que le sol contient tous les autres corps ; mais, dans ce cas, la prospérité momentanée conduit à l'épuisement du sol ; donc il n'y a pas ici de durée.

Si le sol est déjà incapable d'établir cette statique dont nous parlions tout à l'heure, alors l'addition d'un corps seulement devient inutile ; par conséquent, loin d'être économique, la culture est essentiellement ruineuse.

Pour maintenir la fertilité normale, pour arriver à l'établir, lorsque le sol lui-même est incomplet, les moyens de produire beaucoup et avec calcul se résument à faire la synthèse des récoltes.

Alors si, en vue d'élever à un plus haut degré la production d'un sol donné, on emploie, par exemple, dans la culture du blé, une partie de sels, il devient nécessaire d'ajouter une partie de phosphates, une partie de matières organiques azotées.

Mais sans ces matières complémentaires, l'addition isolée d'un des constituants présente, suivant les circonstances, pour tout résultat, un succès momentané, l'épuisement, le plus souvent une dépense vaine.

Cette manière de considérer les matières agricoles destinées à produire les récoltes démontre clairement que les essais tentés dans les circonstances qui ont été énumérées prouvent, en définitive, que les sels sont susceptibles d'agir : 1° sur les sols où ils font défaut ; 2° lorsque ce sol contient les matières complémentaires ; par conséquent les résultats négatifs n'offrent absolument rien de concluant contre le principe.

Nous entrerons maintenant dans les détails de quelques expériences directes touchant l'action des bases et des sels, considérés comme étant capables de déterminer un excédant de production.

Ces expériences ont été suivies en Angleterre, près Wakefield, dans les terres que je cultivais de 1845 à 1848, et répétées en France de 1849 à 1851.

Elles ont porté successivement sur le blé et l'avoine, sur les navets, prairies temporaires et permanentes, colza, tabac, haricots.

Les sels essayés sont les chlorures de sodium et de potassium, les carbonates, sulfates, nitrates de soude et de potasse, les silicates de ces mêmes bases.

Ces expériences étant trop étendues pour être exposées ici, même d'une manière synoptique ; nous devons nous borner aux citations suivantes :

1° Dans un sol composé artificiellement avec des matières chimiquement pures et représentant les corps organiques qui entrent dans la composition du blé et de la paille de blé, à l'exception de la soude et de la potasse, la végétation a été improductive, ainsi qu'il résulte des faits contenus dans mon mémoire inséré dans les travaux du Congrès scientifique (1851).

Si on exclut de la sorte et successivement les autres sels ou les autres bases, la conséquence est encore la même.

2° Si, procédant par la méthode inverse, c'est-à-dire en ajoutant à une terre capable de produire du blé ou d'autres récoltes les sels et les bases, de manière à augmenter la dose sous laquelle ils peuvent exister dans le sol fertile, la conséquence de cette addition est d'augmenter les produits, ce qui résulte des faits suivants :

A.

Ainsi une terre argileuse (1) donnant sans engrais 29,250 kil. de navets (turneps) ;

---

(1) Expériences faites à Hollingthorpe, près de Wakefield, 1845.

Avec 20,000 kil. fumier de vache m'ont donné 38,710 kil.

Avec 20,000 kil. fumier de vache, 1,000 kil.

phosphate de chaux . . . . 39,560 kil.

Avec 20,000 kil. fumier, 1,000 kil. os, 200

sulfate de soude et potasse en quantités

égales . . . . 50,000 kil.

B.

Sur le même terrain et pour la culture des navets, la
fertilité normale étant de. . . . . . . 29,250 kil.

200 kil. sulfate d'ammoniaque donne . . 31,330 kil.

260 kil. nitrate de soude donne . . . . 42,000 kil.

260 kil. nitrade de soude, 1,000 kil. phos-

phate de chaux . . . . 48,930 kil.

C.

Sur une prairie permanente donnant sans engrais,
foin en deux coupes . . . . 5,000 kil.

Avec une quantité de cendre de 1,500 kil.,
contenant 75 kil. de soude et de potasse. 8,000 kil.

D.

Sur les tabacs et en général sur les récoltes dont les cendres sont riches en sels, l'addition de ces mêmes sels, surtout à l'état de carbonate, a pour effet d'augmenter la production dans des rapports étonnants.

La même remarque est applicable au plâtre ou sulfate de
chaux pour la culture du trèfle et du sainfoin, ainsi que les
expériences les plus variées le constatent.

Mes expériences récentes sur le tabac et sur les haricots
(1851) confirment encore ces résultats, et pour mieux faire
comprendre aux cultivateurs de quelle importance ces faits
peuvent être pour lui, je termine en citant l'action bien
connue de la chaux sur les terres cui en sont privées. Ce

qui a lieu pour une matière a également lieu pour les autres matières essentielles aux plantes.

Troisième partie.

La théorie de la substance, de la matière agricole établie
par des faits chimiques et des faits de pratique, tend, comme
tous les travaux que nous avons publiés, à introduire
l'usage du chiffre et du calcul dans l'application des engrais.

Ce calcul, si étranger à l'agriculture, est si simple, si
réel, qu'il se résume bientôt dans une méthode générale.

Cette méthode, nous allons la donner comme conclusion
de ce travail.

Le fumier de ferme, produit de l'organisme animal, véritable machine à engrais, et production nécessaire, dans
l'économie rurale, doit être pris comme base de tous les
calculs à établir touchant la matière agricole.

Ce fumier, doué de qualités dues à son volume, à son
action comme amendement, doit être apprécié aussi sous le
rapport de sa composition.

Sous ce rapport, nous allons bientôt constater que l'application du fumier laisse beaucoup à désirer, et que les
améliorations proposées par les chimistes, par les agronomes, tendant toutes à fixer ses principes, n'ont pas encore
résolu un problème qu'il fallait poser d'abord d'une manière complète, afin d'arriver à une méthode efficace.

Ainsi, le fumier de ferme réunit la matière organique,
les sels et les bases indispensables aux végétaux. Mais, pour
la première fois, une observation vient à se produire ici :
la matière inorganique ne se rencontre pas dans cette combinaison du fumier de ferme, dans des rapports tels que les
sels et matières fixes, éléments de production, soient équivalents aux récoltes, même dans un système d'assolement
suivi. D'un autre point de vue, celui de l'excès des principes constitutifs, sous lesquels s'opère la végétation, le fu

mier présentant cet excès sous le rapport de l'azote et des matières organiques, est moins économique que si cet excès portait sur d'autres principes plus permanents, moins dispendieux, et pareillement productifs lorsqu'ils sont combinés avec les matières organiques azotées au minimum.

La formule de l'engrais résulte de la composition des récoltes et des fonctions des plantes, qui puisent une partie de leur nourriture gazéiforme dans l'atmosphère, en raison de leur état de développement, et par conséquent en raison de l'excès des principes fixes qu'elles trouvent dans un milieu donné.

L'expérience nous a servi à combattre, depuis plusieurs années, et le système d'exclusion de l'azote, et celui qui tend à faire évaluer les engrais en raison de leur dosage d'azote, ce qui semble dire que l'azote est non seulement le plus dispendieux des éléments de production agricole, ce qui est vrai ; mais le seul nécessaire, assertion pernicieuse.

Ce qui est certain, c'est que l'agriculture la plus avancée repose entièrement sur l'action de l'azote en excès, et que les couvertures, en général, sont de nature à augmenter la dose d'azote apportée dans le sol par les fumiers.

Nos principes d'agriculture pratique sont essentiellement différents, et les expériences dont ils ont été déduits prouvent que tous les constituants des plantes concourent à égal degré dans leur production, et que leur maximum de développement a lieu, sous un excès limité de sels et de phosphates, comme sous un excès également limité de matières organiques azotées.

Ces propositions, que les préjugés du jour taxent d'hérésie, ont pour nous la force d'un fait et d'un résultat ; elles doivent avoir pour les cultivateurs assez d'importance pour devenir l'objet de leur plus sérieuse attention, car leur confirmation aurait pour résultat de diminuer sensiblement l'énorme dépense occasionnée par des engrais d'une composition défectueuse, et d'un revient inutilement élevé par l'excès de principes rares, instables et chers, que l'excès de substances plus abondantes, d'un prix moins élevé, remplacerait avec avantage.

Hâtons-nous, avant de développer par des calculs ce que nous avons avancé par rapport à la composition défectueuse du fumier, de déclarer de la manière la plus positive : que lorsque nous considérons que la culture a lieu sous un excès d'azote, ce fait n'a rien d'absolu et n'exprime que les rapports de l'azote, sels et prosphates qui constituent le fumier, rapports tels, que pour les quantités de sels constituants, l'azote est évidemment en excès, ou les sels se trouvent en moins, ce qui revient au même.

Au reste, la composition du fumier est non seulement défectueuse au point de vue précité, mais encore parce que si nous comparons les matières inorganiques sous le rapport de leurs quantités dans le fumier et de l'absorption des récoltes suivies ou isolées. nous trouvons encore qu'il y a toujours excès d'un constituant par rapport à un autre.

Ainsi 7,500 kil. de fumier produiraient théoriquement :

Par leur azote . . . . . 4,500 kil. de betteraves.
Par leurs sels 2,812   idem.

Au contraire, avec la même quantité de fumier on aurait, sans le concours de l'atmosphère, en céréales (blé) :

Pour l'azote. . . . 3,500 kil., avec paille corresp[te]
Pour les alcalis ou sels 5,250   —
Pour les phosphates . 8,750   —

Ce fait, de la plus haute importance économique, pourrait être rendu évident de plusieurs manières. Nous choisirons, entre elles, un exemple pris dans une suite de cultures et dans une exploitation rurale dont nous avons relevé les travaux de 1848 à 1851.

Cette exploitation a produit :

	Avec paille correspondante.	Alcalis. Kil.	Phosph. Kil.
Colza . . .	46,650 kil.,	4,425	2,051
Betteraves . .	66,000	277	92
Fourrages . .	499,400	5,992	6,991
Blé	247,800	8,517	7,652
Avoine . . .	256,800	8,986	4,364
Seigle . . .	19,199	208	404
		28,405	21,554

Le fumier employé consiste en fumier de bergeries obtenu dans la ferme et en crottin de cheval, recueilli dans Versailles.

La fumure ainsi composée représente en somme, pour les quatre années de culture :

     Alcalis . . . . . . 12,820 kil.
     Phosphates 24,312

Le déficit, quant aux alcalis, s'est donc élevé à 15,685 kil.

Cet exemple pris sur une grande échelle et sur une suite de culture (qui, il est vrai, ne mérite pas le nom d'assolement, quoiqu'elle représente une variété de produits), démontre d'une manière évidente que les sels se trouvent en quantités insuffisantes dans le fumier employé, bien qu'il y ait eu importation d'engrais dans la ferme, sous forme de crottin de cheval.

Si la culture de la betterave et du colza s'était élevée à un chiffre plus important, le déficit des alcalis se serait trouvé plus considérable; si au contraire la culture des céréales avait reçu plus de développement, les phosphates auraient alors été insuffisants.

Ne prétendant citer qu'un exemple, nous concluons de ces faits que pour obtenir, sous forme de récoltes, l'équivalent de l'azote du fumier qui ne contenait pas assez d'alcalis pour produire ces récoltes, le sol a dû parfaire la différence.

Qu'en l'état pris de continu, il y a épuisement du sol par

suite même des cultures fumées, et que dans les cas ou l'épuisement serait plus avancé, il y aurait abaissement dans la récolte en raison du déficit actuel des sels et perte d'azote dans le même rapport.

Il résulte encore que partie de l'azote n'étant pas utilisée par suite d'un déficit de première évidence dans les quantités de sels correspondants à l'azote du fumier, traduits en équivalents des récoltes, l'agriculture agit affectivement sous l'action d'un excès d'azote qui, s'il concourt à l'acte de la végétation, n'en est pas moins exposé à des pertes prochaines et définitives.

Etant prouvé d'ailleurs que des sels et des phosphates ajoutés au fumier, dont la dose reste la même, il y a augmentation de production, on doit considérer que l'excès d'azote n'était pas nécessaire, et que la perte de cette matière, conséquence naturelle du système ici combattu, peut effectivement être évitée.

Les moyens de production n'étant pas en rapport avec l'absorption des végétaux ; la matière de fabrication, l'engrais, n'étant pas équivalents, pour tous les constituants, à la composition des produits, c'est-à-dire des récoltes, il devient nécessaire de préparer les fumiers d'une manière mieux entendue, afin d'éviter la perte des matières en excès, ou tout du moins leur immobilisation dans le sol.

Fixer dans quels rapports les matières organiques et les diverses matières inorganiques doivent être employées dans la culture, c'est éviter à la fois des pertes en nature, l'immobilisation des matières excédentes, l'épuisement du sol pour les corps dont il parfait les différences, c'est faire de la production rurale une équation aussi mathématique qu'elle est physiologique et vraie dans son principe.

Pour atteindre ce but d'économie agricole, il manque une méthode de fabrication des fumiers résidus de l'exploitation.

Cette fabrication n'a été l'objet de l'attention des chimistes et des agronomes que sous un seul rapport, c'est-à dire qu'on ne s'est préoccupé que des moyens propres à faire absorber les purins, afin d'enrichir la paille d'une dose nouvelle d'ammoniaque, et, d'un autre côté tous les soins du cultivateur ont tendu à fixer par des sulfates ou chlorure de fer, de manganèse, ou par des acides, l'ammoniaque que, sans cette fixation, le fumier dégage en abondance.

Ces soins sont évidemment d'une grande importance; mais le principe auquel ils se rattachent n'est qu'un des points de la question.

La même critique s'applique à l'engrais Jauffret, dont la formule ne présente aucun rapports quantitatifs avec les récoltes, et dont les nombreuses matières empiriquement combinées peuvent exercer les unes sur les autres des réactions chimiques, dont l'effet serait de causer l'élimination de l'ammoniaque suivant la quantité de chaux vive que l'auteur prescrit (1).

Nous espérons que le temps où les développements de ce mémoire constitueront des faits reçus n'est pas éloigné, et qu'il deviendra généralement sensible que, outre la fixation de l'ammoniaque, le fumier doit subir dans sa préparation une modification de composition telle que la composition définitive présente, pour les matières composantes, une véritable équation dont le terme est, soit la plante qu'on veut produire, soit l'assolement qu'on veut suivre.

Voici la méthode par laquelle les cultivateurs peuvent atteindre ce résultat, dont l'influence modifierait la condition de l'économie rurale.

---

(1) *Chimie appliquée à l'Agriculture*, par G. Gueranger, page 423.

MÉTHODE

DE TRAITEMENT DES FUMIERS

Ayant pour effet de fixer l'ammoniaque par des moyens nouveaux et de compléter les fumures basées sur une suite de cultures dans laquelle entrent les betteraves, pommes de terres ou colza, suivies de céréales et terminées par des fourrages.

L'application de notre méthode suppose une cour de ferme où se trouve une fosse à fumier, un réservoir à purin et une pompe pour l'arrosage du fumier.

Ce sont là des dispositions indispensables, et qui par suite des excellents travaux publiés par M. Girardin, de Rouen, font partie essentille de l'exploitation rurale.

Il s'agit, à présent, de se procurer du sel (chlorure de sodium) ou du sulfate de soude, ou, mieux encore, des silicates de soude, dont l'emploi raisonné est plus avantageux que celui qu'on peut faire des sels de soude combinés à l'acide sulfurique ou chlorydrique.

La raison de la supériorité du silicate de soude tient à sa composition, en vertu de laquelle il offre simultanément aux plantes le silice soluble et les alcalis.

Les sels, d'un autre radical, n'apportant que les alcalis et les acides chlorydriques et sulfuriques qui les composent, étant absorbés par les plantes, en quantités très minimes, deviennent ainsi superflus.

Il est nécessaire, ensuite, de se procurer des phosphates de chaux acides (superphosphates des cultivateurs anglais); c'est ce sel que nous conseillons de substituer aux acides employés à neutraliser les purins.

Il est, du reste, facile de préparer des phosphates de chaux acides :

On prend, dans ce but, 100 kilog. d'os en poudre, dont on fait un tas ;

On arrose les quantités d'os en poudre, dont il vient d'être parlé, avec 5 kilog. d'eau ;

Alors, avec un arrosoir en plomb, on répand 25 kilog. d'acide sulfurique sur les os en poudre, ayant soin de remuer la masse et de renouveler ainsi les surfaces ;

Définitivement, on forme un silo avec la poudre d'os ainsi traitée, et après vingt-quatre heures le superphosphate est fabriqué.

Il se produit dans cette opération un dégagement considérable de chaleur causée par l'eau et l'acide sulfurique concentré mis en contact. Il y a aussi dégagement d'acide carbonique.

Ces préliminaires étant accomplis, l'opérateur choisira l'une ou l'autre des méthodes suivantes, conformément aux conditions locales de l'exploitation où il est placé.

PREMIÈRE MÉTHODE.

Le sol de la fosse à fumier ayant une superficie de 20 mètres cubes, par exemple, et le tas devant avoir 1 mètre de hauteur, proportions évidemment arbitraires, on établit le calcul suivant :

20 mètres de fumier frais pris à 650 kil. l'un, égalent 13,000 kilogr.

Pour compléter le fumier, conformément aux développements donnés précédemment, il est nécessaire d'ajouter 26 kilog. de sels, et pour agir sur les récoltes avec un excès de phosphate et obtenir en même temps la fixation de l'ammoniaque formé à peu près dans le rapport de $1|5^o$ de l'azote présent dans le fumier, il faut 12 kilog. de superphosphate.

D'après ces rapports, on mélangera 338 kil. de sels et 156 kil. de phosphates ensemble, ce qui donne 494 kilogr.

Ces 494 kilogr. seront employés successivement à saupoudrer les couches de fumier, aussitôt que de nouvelles quantités de litières viendront s'ajouter les unes aux autres.

Il importe que chaque couche soit de la même épaisseur, afin que les fumiers présentent une uniformité parfaite, et qu'il ne soit pas nécessaire de mélanger les couches à l'époque des travaux d'épandage.

DEUXIÈME MÉTHODE.

Au lieu de saupoudrer successivement les couches de fumier, il est préférable d'ajouter le sel et les phosphates acides aux liquides recueillis dans la fosse à purin. Ce moyen assure l'uniformité de composition du fumier et permet de se rendre compte de ce qui se passe dans les tas d'engrais.

En règle générale, les purins doivent toujours présenter une faible réaction acide lorsqu'ils ont reçu les phosphates et les sels.

Après que ces liquides acides ont été portés par la pompe sur les fumiers et que les ayant traversés ils reviennent au réservoir, s'ils sont très alcalins, il est démontré, par ce fait, qu'il faut ajouter encore quelques kilogrammes de superphosphate; si, au contraire, les liquides reviennent au réservoir avec des caractères d'acidité, c'est que la marche de l'opération est satisfaisante.

Cette seconde méthode, préférable à plusieurs égards à la première, présente cependant une difficulté provenant de ce que les litières n'ont pas un pouvoir d'absorption uniforme et déterminé. En conséquence, il faut observer quelle est la quantité de liquides que peut absorber un mètre de fumier provenant des litières de l'exploitation dans laquelle on est placé.

Ce pouvoir d'absorption des litières dépend évidemment de l'abondance de la paille fournie aux bestiaux, du plus ou moins long séjour dans l'étable.

Supposons une moyenne d'absorption égale à 200 par

1,000 ; alors pour convertir 20 mètres de fumier en engrais complet et neutraliser l'ammoniaque, on devra réunir dans le réservoir environ 3 mètres cubes de liquides, et ajouter à ces liquides 338 kilogrammes de sel et 156 kilogrammes de phosphates acides, ensemble 494 kilogrammes. Le complément de l'opération consiste à arroser de temps en temps le fumier avec le liquide du réservoir.

MÉTHODE

POUR

Utiliser les Pailles et Résidus des Récoltes.

Il se présente dans l'agriculture pratique de nombreuses circonstances où il serait très avantageux de pouvoir produire sans bestiaux une plus grande masse de fumiers, afin d'utiliser les pailles et autres résidus des récoltes, qu'on ne peut pas soumettre à l'action mécanique ou organique des bestiaux.

Pour atteindre ce but au moyen de la méthode de fabrication que nous offrons aux cultivateurs, il ne suffirait plus d'ajouter les sels et les phosphates, puisque les pailles contiennent moins d'azote que le fumier de bonne qualité, produit par les bestiaux.

Cependant la paille contient souvent autant d'azote que les fumiers peu soignés ; mais nous ne voyons pas les exceptions quelque générales qu'elles soient ; prenons donc le fumier à 4 par 1,000 kilog. d'azote et la paille à 3,6.

D'après ces rapports, il devient nécessaire d'ajouter, au fumier fait de toute pièce, 4 p. 1,000 d'azote.

Plusieurs matières : guano, tourteaux, vidanges, sang, chair, etc., peuvent être employées dans la fosse à purin, dans le but d'élever le dosage des fumiers.

Pour citer un exemple, il suffirait d'ajouter, pour produire 13,000 kilog. de fumier ou 20 mètres, de 130 à 135 kilog. de tourteaux, afin d'arriver au dosage de 4 kil. d'azote p. 1,000.

La deuxième méthode, quant aux sels et phosphates, servirait de guide pour cette opération.

OBSERVATIONS.

L'importance de la fabrication raisonnée des fumiers, l'avantage d'un produit en plus grande abondance motiveraient ici de plus grands détails, que nous devons réserver pour l'avenir.

Les méthodes que nous venons de décrire permettront aux cultivateurs de compléter leur engrais et de fixer les matières volatiles qu'ils développent.

Sous le rapport chimique, nous aurions beaucoup à ajouter; mais, alors, nous serions entraînés au delà des bornes de cet opuscule.

C'est au praticien que nous nous adressons dans ces conclusions.

Nous avons établi des proportions rigoureuses, sans égard aux considérations accessoires, parce qu'un fait n'a qu'une expression propre.

Si on objecte que, en suivant un assolement épuisant, comme celui pris ici pour base, les quantités de sels et de phosphates paraissent considérables, nous ferons observer que la fumure étant pour quatre ans de 75,000 kil., la quantité de sels et de phosphates réunis ne s'élève en définitive qu'au chiffre de 712 kil. par année, quantité que consacrent de nombreux exemples locaux, tant en Angleterre qu'en France.

Il importe surtout de considérer que ces 712 kil. sont un coefficient de récoltes considérables en betteraves, céréales et prairies.

Conséquemment, dans un assolement moins épuisant, il y aurait lieu de diminuer la dose de fumier employé pour les quatre années de culture, ou bien encore, dans l'hypothèse ou par des circonstances défavorables, les récoltes n'auraient évidemment pas épuisé l'engrais, on devrait compter l'engrais en terre dans l'assolement suivant et diminuer d'autant la fumure nouvelle.

Quant aux questions économiques que nos méthodes soulèvent, nous conseillons en principe aux cultivateurs de ne pas juger des dépenses en elles-mêmes ou d'une manière absolue. A toute dépense, deux termes : l'un de puissance de production ; l'autre de force, d'argent mis en jeu.

Ici la dépense absolue serait pour l'assolement épuisant de quatre années abstraction faite des frais de culture :

Pour sel,	1,950 kil. à 12 fr.,	234 fr.
Phosphate acide,	900 kil. à 25 fr.,	225
		459 fr.

Cette dépense par année s'élèverait donc à 114 fr. 75 c.

Rappelons maintenant, pour mémoire, que le sol restant en état, la puissance de la fumure complète que nous indiquons permettrait d'obtenir les produits suivants :

Betteraves, 72,000 kilogrammes à 18 francs les 1,000 kil.	1,296 fr.
Blé, 3,000 kil. à 20 fr. les 100 kil. . . .	600
Paille, 7,500 kil. à 24 fr. les 500 kil. . .	360
Trèfle ou l'équivalent en fourrages, 16,000 kil. à 35 fr. les 500 kil.	1,120
Total.	3,376 fr.

Nous avons la confiance que l'agriculture est appelée à devenir une science rigoureuse quant à la matière de production. Un travail présentant des garanties si nouvelles

aux grands intérêts engagés dans la production des subsis-
tances et des articles de première nécessité, nous assure à
l'avance que les cultivateurs verront, dans la persévérance
que nous mettons à hâter un progrès dont les avantages
sont incalculables, une raison de décider par la voie du
fait des questions qui se présentent avec l'autorité de l'analyse, de l'expérience directe, et qui sont déduites des pratiques agricoles de plusieurs localités et de plusieurs
pays.

NOTE.

La théorie des bases et des sels dans les plantes cultivées
a été présentée au Congrès des sociétés savantes, session
de 1852, séance du 19 mars.

L'intérêt que les agriculteurs les plus distingués ont ac-
cordé à ce travail, reproduit dans *l'Écho agricole*, nous a
décidé à le publier à part, afin de l'offrir aux sociétés
d'agriculture et aux praticiens qui ne sont pas en corres-
pondance avec le Congrès et qui ne reçoivent pas les mé-
moires de ce corps savant.

Dans le compte-rendu de la séance du Congrès, le *Journal
des Débats* du 21 mars 1852 reproduit la décision de la
commission en ces termes :

La commission a proposé : 1º D'émettre le vœu que les sociétés d'agriculture soient invitées à faire des essais variés et ré-
guliers sur l'action des bases et des sels dans les cultures ordinaires, et dans les cultures spéciales du lin, du colza, de la
betterave ;

2º Que ces essais soient faits (suivant mes indications) en
ajoutant au fumier de ferme les matières complémentaires.

L'Écho agricole du 28 mars rend compte, d'une manière
plus explicite, de la décision du Congrès, qui, considérant
qu'il résulte de mon travail :

1º Que le fumier de ferme ne contient pas tous les corps nécessaires à la végétation dans des proportions suffisantes, tandis que certains autres corps sont en excès;

2° Qu'il importerait de rendre la fabrication des engrais possible et facile aux cultivateurs eux-mêmes, et cela dans la ferme,

A voté à l'unanimité qu'un Traité serait dressé pour répandre la méthode et les résultats analytiques de M. de Sussex, qui a offert de donner l'une et les autres au Congrès.

M. Gomart a été chargé de la rédaction de ce Traité simple et qui sera envoyé aux sociétés d'agriculture correspondant avec le Congrès.

Ce Traité comprendra les trois points suivants :

1° Équivalents des récoltes, ou matières qui doivent être ajoutées aux fumiers ordinaires;

2° Préparation de ces matières et usage qu'on en peut faire par elles-mêmes, en couvertures ou en les employant à faire des fumiers avec des résidus divers, qu'on ne peut pas faire passer sous les bestiaux;

3° Renseignements économiques pour que le cultivateur se procure facilement ces matières, sans avoir recours aux intermédiaires.

Paris.—Imprimerie Preve et Cᵉ, rue J.-J.-Rousseau, 15.

Ouvrages du même Auteur :

Traité critique et pratique du Commerce, du Contrôle et de la Législation des Engrais. — Un vol. in-8º.

Expériences sur le Système chimique et physiologique de l'Alimentation des Végétaux. — Brochure in-8º

Question de la Vidange et de la Voirie, considérées sous les Rapports de leur Valeur agricole, de l'Économie municipale et de l'Hygiène publique. — Brochure in-4º.

Paris. Imprimerie PREVE et Compagnie, rue J.-J.-Rousseau, 15.

9 782329 61